NOUVELLES
ÉTUDES CHIMIQUES
SUR LE SANG

PAR

L. R. LE CANU,

PROFESSEUR TITULAIRE A L'ÉCOLE SUPÉRIEURE DE PHARMACIE DE PARIS,
MEMBRE DE L'ACADÉMIE NATIONALE DE MÉDECINE, ETC.

—

MÉMOIRE

LU A L'ACADÉMIE DES SCIENCES, DE L'INSTITUT, DANS LA SÉANCE
DU 5 JUILLET 1852.

suivi du

RAPPORT DE MM. THÉNARD, DUMAS ET ANDRAL.

———

PARIS

IMPRIMERIE DE Mme Ve DONDEY-DUPRÉ

RUE SAINT-LOUIS, 46.

—

1852.

NOUVELLES

ÉTUDES CHIMIQUES

SUR LE SANG.

Paris. — Typ. de Mᵐᵉ Vᵉ Dondey-Dupré, r. St-Louis, 46, au Marais.

NOUVELLES

ÉTUDES CHIMIQUES

SUR LE SANG.

PREMIÈRE PARTIE.

DE L'ORIGINE DE LA FIBRINE.

Dans les animaux des classes supérieures (mammifères, oiseaux, reptiles, poissons), le sang est un liquide tenant en suspension de nombreux corpuscules, de couleur rouge, de formes et de grosseurs variables.

Circulaires dans les mammifères, le dromadaire et le lama exceptés (d'après Mandl); elliptiques dans la plupart des autres, car, par exception encore, ils sont ronds dans la carpe (d'après Wagner et Rudolphi), mais toujours aplatis, ces corpuscules, par exemple, ont un diamètre égal à $1/120^{me}$ de millimètre chez l'homme ; à 1/200me chez le bœuf ; à 1/48me dans le sens de leur grand axe, à 1/77me dans le sens de leur petit axe, chez la tortue commune (1).

Pendant la vie, la membrane natatoire de la patte d'une grenouille, les parties minces de l'aile d'une chauve-souris, laissent aisément distinguer, au microscope, leurs globules sanguins roulant sur eux-mêmes, au sein du fluide qui les emporte à travers l'appareil circulatoire.

Lorsqu'à sa sortie des vaisseaux, on l'abandonne à lui-même, chacun sait que le sang se partage en deux portions distinctes : l'une, solide, spongieuse, d'un rouge plus ou moins vif, suivant qu'il provient d'une artère ou d'une veine, formée d'un réseau fibrineux emprisonnant des globules rouges, *caillot*; l'autre, liquide, d'un jaune clair, à peu près transparente, *sérum*.

Au contraire, s'il est battu avec la main, un balai, etc., à la manière des bouchers qui veulent l'empêcher de se cailler, la fibrine se sépare en filaments, les globules restent suspendus dans le sérum.

Les globules qu'enveloppe la fibrine dans le caillot du sang spontanément coagulé, que le sérum retient en suspension dans le sang battu, seraient, pour certains, les corpuscules eux-mêmes du fluide en circulation. A son tour, le sérum représenterait sa partie liquide, moins la fibrine, qui s'en serait séparée, après y avoir été dissoute.

(1) Dumas, tome VIII, page 486; Muller, t. I, page 88, Burdach, tome VI, page 123 ; traductions du docteur Jourdan.

Pour d'autres, les globules de ce même caillot, de ce même sang battu, se seraient dépouillés, pendant la coagulation spontanée ou le battage, de la fibrine qu'ils contenaient dans le sang vivant, et le sérum se trouverait alors représenter exactement sa partie liquide.

En réfléchissant que, contrairement à ce qui se passe, alors qu'une cause quelconque les a détruits, ou seulement profondément altérés, les globules du sang coagulé ou battu, ne communiquent aucune coloration au sérum en contact avec eux; que, de plus, ils s'y conservent semblables, au moins en apparence, à ce qu'ils étaient dans le sang vivant; l'idée qu'ils auraient abandonné, dans l'acte de la coagulation ou du battage, une partie de leur propre substance, n'est guère admissible; il est infiniment plus rationnel de considérer la fibrine comme provenant de la partie liquide.

Cependant, malgré ces considérations en faveur de la première de nos deux hypothèses, malgré même qu'un des plus célèbres physiologistes (Muller) ait observé, au microscope, dans le sérum du sang de grenouille étendu d'eau chargée de sucre, destiné à prévenir leur destruction, puis débarrassé des globules au moyen d'un filtre en papier, la formation d'un caillot incolore, offrant toutes les apparences de la fibrine; des doutes subsistent encore relativement à son origine (1).

L'extrême délicatesse de l'expérience, l'impossibilité de soumettre le très-petit caillot obtenu à des réactions

____

(1) *Physiologie* de Muller, tome I, pages 94 et 95.

capables d'en bien préciser la nature, ont principalement fourni matière aux objections.

C'est dans l'espérance de porter la conviction dans les esprits les plus sceptiques, par une démonstration saisissante, j'oserai dire complète, car Muller laisse indécise la question de savoir si la fibrine ne proviendrait pas, en partie du moins, des globules, qu'ont été tentés les essais suivants :

1° Du sang de bœuf fut reçu dans l'eau, à sa sortie de la veine.

Les globules disparurent, la fibrine se sépara en longs filaments à peine rosés, qu'une simple immersion dans l'eau suffit à décolorer complétement.

2° Une autre portion de sang, à l'avance battue et passée, sans expression, au travers d'un linge, à la surface duquel restèrent les rares débris de fibrine échappés à l'action de la main, fut délayée : partie, dans une dissolution de sulfate de soude saturée à + 12° de température, et marquant 12° Baumé; partie, dans une dissolution de ce sel ne marquant plus que 5° Baumé à la même température.

Conformément aux indications relatées tome VIII, page 485 du Traité de chimie de M. Dumas, où il est dit : que les dissolutions de sel marin, de carbonates de potasse et d'ammoniaque, de sel ammoniac et de sucre, sont sans action sur les globules; et ainsi que d'ailleurs le faisait pressentir leur maintien bien connu au sein de mélanges de sang et d'urine, les globules restèrent intacts.

En regardant au soleil, par réflexion, le mélange légèrement agité, on les y voyait former des stries d'un éclat nacré prononcé ; et si l'examen s'en faisait au microscope, tant qu'ils y étaient en mouvement, ils offraient alternativement leurs faces et leurs tranches ; puis, le moment venu du repos, présentaient de préférence leurs faces, sur lesquelles alors, se distinguait nettement le point central obscur, que ceux-ci attribuent à une dépression ; ceux-là, au renflement produit par un noyau central.

La filtration au papier permit de les séparer d'un liquide salino-séreux, légèrement coloré en rouge, que l'eau ne troublait pas et dans lequel le sulfate de soude ajouté en énorme proportion, ne produisait aucun coagulum.

3° Ayant reçu du sang sortant de la veine dans dix fois son volume de solution saline saturée, comme déjà, je l'avais fait (thèse pour le doctorat en médecine, novembre 1837)!

Les globules restèrent intacts, plus complétement même que cela n'avait eu lieu avec le sang battu. En outre, non-seulement le sang ne se coagula pas, ce qui s'accorde avec l'observation de Berzelius, d'après lequel le sulfate sodique et le nitrate potassique ajoutés au sang, tandis qu'il coule du corps de l'animal, l'empêcheraient de se coaguler, (tome VII, page 44) ; mais encore il n'abandonna pas de fibrine.

Celle-ci parut demeurer ou s'être dissoute tout entière à la faveur du sulfate alcalin, qui, dans ce dernier cas, partagerait avec le nitrate de potasse la remarquable propriété de la dissoudre. (Denis de Commercy, brochure intitulée Démonstration expérimentale sur l'albumine, 1838.)

Dans le même but,

228 gr. de sang ont été reçus directement sur 50 gr. de sulfate de soude en petits cristaux ; et 497 gr. dans 200 gr. d'eau tenant, partie en solution, partie en suspension 150 gr. de sulfate ! Aucun dépôt de fibrine n'eut lieu, et les toiles au travers desquelles on passa les mélanges n'en retinrent aucune trace.

4° Aux mélanges simplement passés au travers de toiles, de solution saline et de sang battu, ou de sang vivant, j'ajoutai de 7 à 8 fois leur volume d'eau.

Les globules des uns et des autres disparurent. Mais, tandis que le mélange en partie composé de sang battu, n'éprouva de cette addition aucun autre changement apparent ; au bout de quelques heures, ses analogues contenant le sang vivant, se trouvèrent pris en masses tremblantes, translucides et rougeâtres.

Ces masses décantées sur des toiles, s'y dégorgèrent d'une grande quantité de liquide chargé d'hématosine et d'albumine, car il était de couleur rouge, coagulable par la chaleur, précipitable par l'acide azotique, le bichlorure de mercure, le tannin ; en dernier résultat, laissèrent sur les tissus de la fibrine ayant entraîné de l'hématosine, et que décolorèrent des lavages.

La proportion de fibrine fournie dans ces conditions, correspond très-sensiblement à celle fournie par une même quantité de sang (d'un même animal) qu'on a laissé se coaguler.

257 gr. de sang spontanément coagulé, laissèrent dans le tissu qui avait servi au lavage une masse de fibrine pesant 2 gr. ; soit 0,75 p. 100, après sa dessiccation au bain-marie.

De 497 gr. de sang reçu, à la température de + 25°, dans 1950 gr. de solution saline saturée, j'en retirai 3 gr. 2, soit 0,64 pour 100.

Dans ce dernier cas, la quantité de fibrine obtenue est toujours quelque peu inférieure à ce qu'elle est dans le premier, attendu l'impossibilité de prévenir toute perte,

Les 3 gr. 2 de fibrine de la seconde expérience avaient suffi à gélatiniser 10 litres de liquide à ce point, que pour séparer celui-ci, et avant de jeter le tout sur une toile, il fut nécessaire de faire perdre à la masse son état gélatinoïde au moyen d'une agitation violente.

De là, une division extrême de la fibrine;

La possibilité, pour elle, de traverser en partie les étoffes, sans que d'ailleurs on les puisse remplacer par des filtres en papier, dont la matière animale aurait bientôt bouché les pores.

5° Que si l'eau était ajoutée au liquide salino-séreux provenant de la filtration au papier d'un mélange de sang vivant et de solution de sulfate de soude, et non plus, comme précédemment, à ce mélange, simplement passé au travers d'une toile! il y avait encore production de gelée, mais la masse gélatinoïde devenue incolore, cessait de ressembler à la gelée de groseille, pour revêtir l'apparence de la gelée de pomme.

Conservée dans un vase, tantôt elle s'y affaissait sur elle-même, se contractait et prenait à la surface la solidité, la teinte opaline de la couenne, dite inflammatoire; tantôt, y flottait sous forme de nuages ou de vésicules, au milieu du liquide albumineux qu'elle avait abandonné.

Sur une toile, elle se transformait, peu à peu, en une véritable glaire que l'agitation dans l'eau froide, en même temps qu'elle lui enlevait les portions d'albumine entraînées, rendait semblable aux mucosités buccales, aux flocons spumeux du blanc d'œuf étendu d'eau ; qu'en définitive la pression amenait à l'état de fibrine incolore, élastique, tenace, translucide et quelque peu nacrée, à la façon de la colle de poisson dite en lyre.

La texture de la fibrine ainsi obtenue rappelait celle assez ordinaire du caillot. Malgré l'opinion généralement contraire, l'inspection microscopique d'une portion de caillot à l'avance décolorée par un séjour prolongé dans l'eau ammoniacale, prouve en effet, que les globules s'y trouvent enfermés, tantôt entre des lames simulant des alvéoles, tantôt entre des fibres formant filet.

Des résultats identiques à ceux qui viennent d'être exposés, ont été obtenus en substituant au sang de bœuf, le sang d'homme, sauf qu'avec ce dernier, les gelées manquaient généralement de solidité.

6° Et enfin, après avoir reçu du sang à la sortie de la veine, dans un volume considérable de solution saline ; après avoir passé le mélange, d'abord au travers d'une toile, puis au travers d'un filtre en papier, j'ai lavé à deux fois, sur celui-ci, à l'eau saline, le dépôt globuleux qu'il avait retenu. Délayé dans une dissolution de sulfate de soude, avant de faire intervenir l'eau, ce dépôt ne forma pas gelée, et au lieu de fibrine, il abandonna des lamelles frangées d'une matière fibrineuse, que nous verrons bientôt appartenir en propre aux globules.

On n'en retire de véritable fibrine, qu'autant qu'on a recueilli le sang vivant dans un volume insuffisant de solution saline, et négligé les lavages.

Faciles à répéter, en tous temps, en tous lieux, sur des masses de sang qui m'ont permis de remplir de gelée des terrines, et, dans une seule opération, de recueillir plusieurs grammes de fibrine, ces expériences me paraissent incontestablement démontrer :

D'une part, que la fibrine du sang spontanément coagulé, battu ou reçu directement dans l'eau, et très-vraisemblablement ses analogues, la fibre musculaire, la couenne inflammatoire, les fausses membranes du croup, etc., etc., proviennent de la partie liquide du sang en circulation, et non pas des globules.

Si la fibrine préexistait à leur intérieur, sous forme de noyaux, la solution saline capable de la dissoudre ne pourrait évidemment l'y atteindre, sans détruire ces globules ! D'un autre côté, si elle enveloppait d'une couche membraneuse leurs autres principes constituants, l'eau saline ne pourrait dissoudre ces enveloppes, sans agir de la même manière sur les principes solubles, que celles-ci avaient préservés du contact de la partie liquide du sang.

D'autre part, que les globules du sang spontanément coagulé ou battu, représentent les corpuscules rouges de ce même fluide vivant, tandis que le sérum de l'un et de l'autre, n'en représente que la partie liquide privée de fibrine.

L'apparition de la fibrine, sous l'influence de l'eau ajoutée au liquide salino-séreux qui la tenait en dissolution, rapprochée : et de la fréquence de la couenne inflammatoire dans le sang des chlorotiques, et de sa fréquence plus grande dans le sang des secondes saignées, que dans celui des premières, chez les sujets atteints de maladies inflammatoires (1), conduit d'ailleurs à penser :

Que la production de la couenne peut coïncider avec la présence dans le sang d'une proportion normale de fibrine, pourvu que l'eau s'y soit accrue dans un certain rapport, et dès lors ait fait perdre au liquide séreux une partie de son pouvoir dissolvant.

J'ajouterai, relativement à l'origine de la fibrine : que la préexistence dans le fluide sanguin, concurremment avec l'albumine, d'un principe particulier, capable, dans certaines conditions, de revêtir les formes diverses qu'on lui connaît à l'état solide, me paraît plus probable que la modification purement moléculaire, que la transformation isomérique de l'albumine soluble en albumine insoluble ou fibrine.

Serait-il possible qu'une pareille transformation ne s'étendît jamais à la masse entière du principe capable de l'éprouver, et, spécialement, que des conditions aussi dissemblables que celles que réalisent la coagulation spontanée du sang ou son arrivée dans l'eau chargée de sulfate de soude, suivie de l'addition de l'eau, la maintinssent dans les mêmes limites?

Quoi qu'il en soit, puisqu'elle existe dans le sang à l'état de dissolution, la fibrine partage avec l'albumine la faculté d'être coagulée par la chaleur.

---

(1) Je suis redevable de ces curieuses observations à un praticien aussi instruit que modeste, mon excellent ami M. le docteur Pegot-Ogier.

La preuve en est, que les liqueurs salino-séreuses qui en sont chargées, perdent par l'ébullition le pouvoir de former gelée quand on les additionne d'eau, après en avoir séparé le coagulum ; et fournissent alors par l'évaporation à siccité, un résidu dont l'eau froide n'isole aucune trace de matière fibrineuse.

DEUXIÈME PARTIE.

—

DE L'OBTENTION DES GLOBULES SANGUINS A L'ÉTAT DE PURETÉ.

Dans les expériences qui viennent d'être décrites, soit avec le sang vivant, soit avec le sang défibriné par le battage, que l'on prolonge les lavages des globules restés sur le filtre, à l'eau chargée de sulfate de soude !

Si l'on a pris le soin de prévenir leur altération : en opérant par une température basse ; en maintenant les vases entourés d'eau froide ; en faisant usage de solution saline refroidie ; en recouvrant l'entonnoir d'un couvercle qui en abrite le contenu du contact de l'air ; en rendant la filtration aussi rapide que possible, par l'emploi, au début, d'un volume considérable de liquide salin ; enfin, en ne laissant jamais languir l'opération !

Un moment arrivera, où les liqueurs de lavage, sans teinte rosée (preuve de l'absence complète de l'hématosine), non-seulement cesseront d'être coagulées par la chaleur, précipitées par l'acide azotique, le bi-chlorure, le tannin (preuves aussi de l'absence de l'albumine) ; mais encore fourniront par l'évaporation, un résidu, à ce point privé de matières organiques, que la calcination ne le noircira pas sensiblement ; en un mot, n'enlèveront plus rien au dépôt.

A cette époque cependant, les globules n'auront pas été détruits, puisque, remis en suspension dans l'eau salée, ils se remontreront tels qu'ils étaient avant la filtration.

L'eau pure substituée à l'eau saline, se comportera avec eux tout différemment, produira, en les détruisant, une solution d'un rouge foncé, que l'acide azotique, le bi-chlorure de mercure, le tannin, reprécipiteront et dont l'ébullition séparera un coagulum rouge brun, essentiellement formé d'hématosine et de matière albumineuse.

Or, contrairement aux exigences de déformations nécessaires au passage des globules sanguins à travers les trames les plus serrées de nos tissus ; à leur arrivée jusqu'aux extrémités les plus déliées des artères et des veines ; compatibles avec la faculté qu'ils possèdent, de traverser les filtres en papier, etc., etc. ; admettrait-on que l'hématosine et la matière albumineuse s'y trouvent autrement qu'à l'état liquide ?

Sous cet autre état, on ne leur pourrait du moins refuser une rapide et complète solubilité dans l'eau chargée de sulfate de soude, aussi bien que dans le sérum, qui les dissolvent ou plutôt s'y mêlent, aussitôt qu'une cause quelconque, en déchirant les globules, a permis un contact réel.

Dès lors, puisque les lavages à l'eau saline ne privent les globules ni de leur hématosine ni de leur albumine, tandis que l'eau seule les leur enlève, il est rationnel d'admettre dans ces solides l'existence :

1° D'enveloppes imperméables à l'eau chargée de sulfate de soude, et à son analogue, sous ce rapport, le liquide du sang en circulation ; incapables, en outre, de se déchirer sous leur influence, comme elles le font sous l'influence de l'eau pure ;

Que, d'ailleurs, ces enveloppes soient formées de fibrine, d'hématosine, ou d'albumine concrétées, condensées, à l'imitation de ce qui a lieu pour le principe amylacé, dans les couches corticales des globules d'amidon et de fécule, ou de toute autre substance ?

2° D'une matière albumineuse, indépendante de celle appartenant au liquide qui les tenait en suspension dans le sang vivant.

Conséquemment :

Les globules n'étant pas perméables au liquide qui les tient en suspension dans l'appareil circulatoire, il se pourrait qu'ils continssent des principes tout différents des siens, en dehors même de l'hématosine, que l'on sait déjà leur appartenir en propre.

Les expériences relatées dans la troisième partie de ce travail, auront pour but la solution de cet autre problème.

TROISIÈME PARTIE.

DE LA COMPOSITION CHIMIQUE DES GLOBULES SANGUINS.

Les très-nombreuses recherches dont les globules sanguins ont été l'objet, tendent à les faire considérer comme formés :

D'une matière colorante de nature particulière, *hématosine ;*

De matières extractives ;

De matières grasses ;

De matières salines ;

D'albumine, ou, d'après MM. Gmelin et Mulder, d'une substance analogue que le premier a nommée caséïne et le second globuline (1).

Enfin, d'une matière fibrineuse, peut-être même de véritable fibrine, leur servant d'enveloppe ou de noyau central, ou, tout à la fois, d'enveloppe et de noyau.

Admise par des chimistes, notamment par le docteur Wels et par M. Thenard ; niée par d'autres, notamment par Fourcroy et Vauquelin, pour lesquels sa couleur rouge serait due à un oxide ou à un phosphate de fer (2) ; l'existence dans le sang d'un principe

(1) *Physiologie* de Muller, t. I, pages 105 et 106.

(2) *Transactions philosophiques* pour 1797, page 418 ; *Éléments de Chimie* de Henri, tome II, page 297 ; Fourcroy, tome IX, page 152.

organique spécial dont le fer constitue l'un des éléments, me semble avoir été mise hors de doute par mes expériences (1).

On se peut au contraire demander :

Et si les matières extractives grasses et salines, l'albumine qu'on y a rencontrées, ne proviendraient p s du sérum que retenaient, à la manière d'éponges, les globules mis en expérience?

On ne saurait oublier, en effet, qu'aucun chimiste n'avait encore pu les étudier complétement privés de sérum interposé.

Et si leur matière fibrineuse ne serait pas de simples débris de fibrine appartenant à la partie liquide du sang, que leur extrême division aurait fait passer au travers des tissus, à la suite du battage du sang ou du lavage du caillot?

Aussi n'est-ce qu'après m'être mis à l'abri de cette double cause d'erreur, par l'emploi de l'eau saturée de sulfate de soude (capable, nous l'avons vu, de prévenir le départ de la fibrine et d'entraîner les dernières portions de liquide séreux), que je me suis occupé de déterminer la composition de ces globules.

Il m'a été possible d'en extraire :

1° Des matières extractives;
2° Des matières grasses;
3° Des matières salines;
4° De l'albumine;

(1) *Journal de Pharmacie*, année 1830, page 734, et *Thèse pour le doctorat*, novembre 1837.

5° De la globuline ;

6° Une matière fibrineuse particulière, distincte de la fibrine.

L'on pourrait peut-être l'appeler du nom de fibr-albine, afin de rappeler ses analogies d'origine et de propriété avec la fibrine et l'albumine?

7° De l'hématosine.

J'ai pu, en outre, y constater, expérimentalement, la présence de l'eau qu'on n'y avait jusqu'à ce moment admise que par induction, et parce qu'elle seule semblait pouvoir, en les amenant à l'état liquide, communiquer aux différents principes des globules les propriétés qui les font se prêter à d'incessantes déformations.

Ce que j'aurai à dire de ces matières suffira, je l'espère, à prouver l'existence de celles qui ne sont pas encore généralement admises au nombre des matériaux des globules sanguins. Je m'empresserai d'ailleurs de compléter leur étude, que la température élevée de ce moment de l'année m'a forcé d'interrompre, aussitôt qu'il me sera possible de le faire.

Les matières extractives, grasses et salines, se sont rencontrées dans l'eau de lavage des globules, après qu'on en eut séparé : la matière fibrineuse, au moyen du filtre; l'hématosine, l'albumine et la globuline, au moyen de la coagulation et du filtre.

De même que leurs analogues du sérum, elles la rendaient alcaline au papier rouge; précipitable par l'acide azotique, le bi-chlorure de mercure, le tannin; susceptible de fournir un extrait brun jaunâtre, de saveur aromatique et salée, déliquescent, entièrement soluble dans l'eau distillée froide et partiellement dans l'alcool à 36 et 45°.

Cet extrait cédait à l'éther une matière grasse, liquide à la température ordinaire, soluble dans l'alcool à 45° froid ; et une autre matière grasse solide à cette même température, soluble seulement à chaud dans le même alcool.

Il répandait, pendant sa calcination, l'odeur propre aux matières animales en décomposition ignée, accompagnée de vapeurs ammoniacales.

Ses cendres étaient formées de chlorure, de carbonate, de phosphate et de sulfate alcalin ; ce dernier provenant, en grande partie, de la solution saline employée à l'obtention des globules.

J'assimile à l'albumine du sérum la matière animale soluble dans l'eau froide, avant d'avoir éprouvé la coagulation par la chaleur et par l'alcool ; insoluble dans l'eau bouillante, dans l'alcool à 20° à 33°, à 36° à 45 ; dans l'éther, à toutes températures ; dans l'alcool additionné d'acide sulfurique ; très-soluble dans l'eau de potasse, qui se trouve constituer le résidu du traitement par ces différents véhicules (l'eau de potasse exceptée), du coagulum formé, à la température de l'ébullition, dans l'eau de lavage des globules privée de matière fibrineuse.

Sa proportion y est supérieure à celle de l'hématosine, et de beaucoup inférieure à celle de la globuline.

Je désigne sous le nom de globuline la portion de ce même coagulum (dont nous venons de voir l'albumine former le résidu), que dissout à chaud l'alcool à 20°, après qu'on l'a seulement épuisé par l'eau de ses matières extractives et salines. Par le refroidissement de son dissolvant, elle se dépose sous forme de flocons; et quand l'évaporation a rendu celui-ci presque exclusivement aqueux, se prend, au fond du vase évaporatoire, en une masse élastique et rougeâtre; dans les deux cas, toutefois, en conservant sa complète solubilité dans l'alcool faible bouillant.

L'eau froide la dissout, puisqu'elle l'enlève aux globules et donne lieu à une solution que coagule la chaleur; que précipitent les acides sulfurique et azotique, le bi-chlorure de mercure, le tannin; *qu'au contraire ne précipite pas le sous-acétate de plomb.*

L'alcool à 33, à 36 et à 45°, l'éther, ne la dissolvent ni à froid ni à chaud; ils lui font perdre sa solubilité dans l'eau et dans l'alcool faible;

L'alcool aiguisé d'acide sulfurique ne la dissout pas davantage, mais lui enlève l'hématosine qu'elle avait entraînée.

L'eau de potasse la dissout rapidement, surtout à chaud.

Cette substance est évidemment celle qui, d'après Gmelin, sous le nom de caséïne, constituerait essentiellement les flocons rougeâtres qu'on obtient en faisant bouillir le sang fouetté avec de l'alcool, filtrant et laissant refroidir.

C'est elle aussi que, dans le procédé d'extraction de l'hématosine rappelé plus loin, l'on voit se déposer, par le refroidissement des premières liqueurs alcooliques, lorsque l'on opère sur des magmas fortement imprégnés d'eau.

Au contraire, je n'ai pu l'extraire des résidus de la

décoloration de ces magmas, en suivant les indications de M. Mulder. (Dumas, tome VIII, page 487.)

Quand, après avoir épuisé l'action décolorante de l'alcool concentré, chargé d'acide sulfurique; avoir absorbé par le carbonate de chaux ou l'ammoniaque l'acide qui les imprégnait, je les reprenais par l'alcool à 20°, bouillant, celui-ci ne leur enlevait pas de globuline.

La propriété que possède l'alcool concentré de lui faire perdre sa solubilité dans l'alcool faible, rend raison de ce résultat négatif.

La globuline me semble appartenir en propre aux globules sanguins.

Les coagulums produits à la température de $+ 100°$ par le sérum ou par le blanc d'œuf, ne m'en ont pas fourni.

La matière fibrineuse est la partie insoluble dans l'eau des globules.

Lorsqu'après les y avoir violemment agités (car leur destruction complète n'est pas aussi facile qu'on le pourrait croire), on abandonne le liquide au repos, leur matière fibrineuse se dépose en petites lamelles frangées, incolores, translucides, à reflets nacrés; à ce point flexibles et malléables, qu'elles traversent les tamis en soie, les toiles les plus serrées, voire les filtres en papier, pour peu que l'eau conserve de la viscosité ; à l'encontre de ce qui s'observe avec la fibrine, même réduite à l'état de bouillie.

La densité de ces lamelles est si voisine de celle de l'eau, qu'elles refusent de s'en déposer, dès qu'une matière en dissolution vient augmenter sa propre densité, et que, placées avec elle et des globules entiers, sur le porte-objet du microscope, elles s'y montrent encore, après que les globules, ayant gagné les couches profondes du liquide, ont depuis longtemps disparu.

Les lavages des globules complétés sur le filtre, c'est-à-dire dans les meilleures conditions pour altérer le moins possible ... disposition physique, lui laissent celle de vessies, de petits sacs membraneux, depuis longtemps signalée par les micrographes.

L'eau, l'alcool concentré et faible, l'éther, ne la dissolvent pas; seulement ce dernier lui enlève des traces de matière grasse.

Les acides acétique et chlorhydrique, l'ammoniaque, se comportent très-sensiblement avec elle comme avec la fibrine. A froid, le premier la gonfle et finit par la dissoudre; le second la dissout assez rapidement.

L'ammoniaque paraît au contraire ne pas la dissoudre, et il en est de même de l'eau saturée de sulfate de soude.

Elle résiste d'une manière remarquable à l'action de la potasse. Ainsi, tandis que la fibrine hydratée se dissolvait rapidement, à froid, dans l'eau chargée d'un dixième de son poids de potasse caustique, la matière dont s'agit s'y conservait pendant plusieurs jours, et refusait encore de s'y dissoudre à la température de l'ébullition.

Une pareille résistance à l'action dissolvante des solutions alcalines, rend raison de l'existence de la matière fibrineuse au sein d'un liquide séreux alcalin; et jointe à sa disposition vésiculeuse, à son aspect nacré analogue à celui des globules s'agitant au soleil, elle appuie fortement l'opinion qui la leur donne pour enveloppe.

Pour obtenir l'hématosine, j'ai conseillé de décolorer au moyen de l'alcool à 36° contenant 5 pour 0/0 de son poids d'acide sulfurique, le coagulum produit par l'addition au sang battu de l'acide sulfurique concentré; de sursaturer par l'ammoniaque la solution acide; de filtrer, afin de séparer, en même temps que la majeure partie du sulfate d'ammoniaque, une notable quantité de matière albumineuse; d'évaporer à siccité au bain-marie la solution ammoniacale; enfin de traiter le produit de cette évaporation par l'eau distillée bouillante, tant que la liqueur troublerait l'azotate de baryte (1).

J'ai reconnu depuis : d'abord, que l'addition de l'eau la précipite de sa dissolution alcoolique acide; ensuite, que l'hématosine obtenue par le procédé sus-indiqué retient quelque peu de matière albumineuse.

Mais si on la reprend, à la température ordinaire, par de l'alcool à 45° chargé de 5 pour 0/0 d'acide sulfurique, la matière étrangère refuse de se dissoudre, en sorte que la solution filtrée, sursaturée par l'ammoniaque, fournit cette fois de l'hématosine pure.

Sous ce nouvel état, elle est devenue soluble, à froid, dans l'alcool à 45° et dans l'éther, en leur communiquant une belle couleur rouge de sang. Par l'évaporation spontanée, on l'obtient en lamelles d'un éclat métallique prononcé, d'une couleur améthyste sur leurs

____

(1) Dumas, tome VIII, page 490, et *Thèse pour le doctorat en médecine,* novembre 1837.

bords, simulant tout à fait l'argent rouge des minéralogistes.

Cette grande solubilité dans l'alcool absolu et dans l'éther, achève de la différencier des matières albumineuses.

Tout porte à penser que l'hématosine exercerait une action prononcée sur l'économie animale, et remplacerait avec avantage les préparations à base de fer dont les médecins font un si fréquent usage contre la chlorose, etc. Malheureusement, les difficultés que présente son obtention, et davantage encore sa très-minime proportion dans le sang, ne m'ont pas encore permis de l'expérimenter à ce point de vue.

100 $^{gr.}$ de globules supposés secs, représentant environ 800 $^{gr.}$ de sang de bœuf, ne m'en ont en effet fourni :

Que 2 $^{gr.}$ 857 dans une première expérience,
Et 2 $^{gr.}$ 570 dans une seconde.

Relativement à l'eau des globules :

Ayant reconnu (chapitre II), qu'une dissolution saturée de sulfate de soude ne leur enlevait ni leur hématosine ni leur globuline ; mais les débarrassait du liquide séreux, j'ai pensé, qu'après lavages, les globules imprégnés d'une dissolution saline de composition connue, devraient : dans le cas d'absence de l'eau d'hydratation, ne perdre, par la dessiccation, qu'une quantité d'eau proportionnelle à la quantité de sulfate de soude qu'y aurait laissée la solution saline ; dans le cas contraire, en perdre proportionnellement davantage.

Il m'a semblé impossible que l'eau de la dissolution saline saturée, pût pénétrer seule à l'intérieur de ces globules, par endosmose, en abandonnant une portion correspondante de sel, et s'y conserver sans en sortir, par exosmose, chargée des principes solubles qu'elle y avait rencontrés.

De deux expériences faites d'après ces données, il résulterait que les globules de sang de bœuf renferment environ le tiers de leur poids d'eau.

Voici, du reste, les nombres de l'une de ces expériences :

D'un côté, j'ai fait servir aux lavages une dissolution contenant :

$$\text{Eau.} \quad . \quad . \quad . \quad . \quad . \quad 100^{\text{gr.}}$$
$$\text{Sulfate de soude.} \quad . \quad . \quad 10^{\text{gr.}} \, 53$$

D'un autre côté, j'ai opéré sur $83^{\text{gr.}} 5$ de dépôt humide.

Par la dessiccation, ce dépôt s'est réduità. $28^{\text{gr.}} 2$

Et par conséquent a perdu. . . . . $55^{\text{gr.}} 3$ d'eau

Or, ces $55^{\text{gr.}} 3$ d'eau eussent dû laisser dans la matière desséchée $5^{\text{gr.}} 81$ de sulfate alcalin, si l'eau qui les imprégnait d'abord, s'y fût tout entière trouvée à l'état de dissolution saline.

Ils n'y en ont laissé que. . . . $4^{\text{gr.}} 5$

Que l'eau bouillante leur a enlevés, et, par suite, la masse globuleuse de nouveau desséchée, ne s'est plus trouvée peser que $23^{\text{gr.}} 7$

$$\begin{array}{r} 28 \ 2 \\ - \quad 4 \ 5 \\ \hline = 23 \ 7 \end{array}$$

Donc, en définitive, les $23^{\text{gr.}} 7$ de globules secs

avaient contenu, à l'état humide, une quantité d'eau
de constitution représentée par la différence entre le
poids de celle vaporisée. 55 3

Et le poids de celle correspondant en
réalité au poids du sulfate de soude retenu par le dépôt. 42 5

Soit. 12 8

Ou pour 100 $^{gr.}$ de globules secs, 51 $^{gr.}$ 4.

Je suis arrivé à ce résultat, malgré la perte d'eau
qn'entraîne l'évaporation de la solution saline pendant
les lavages, et sans tenir compte des sels provenant
des globules, que l'eau bouillante avait enlevés au résidu de la dessiccation.

EN RÉSUMÉ,

De tout ce qui précède, je crois pouvoir déduire les
conséquences suivantes :

1° La fibrine du sang spontanément coagulé, battu ou
reçu directement dans l'eau à sa sortie des vaisseaux ;
ses analogues, la fibre musculaire, la couenne inflammatoire, les fausses membranes du croup, etc., etc.,
proviennent de la partie liquide du sang en circulation
et non pas de ses globules ;

2° Les globules du sang spontanément coagulé ou
battu, représentent, sans modification de composition,
les corpuscules rouges du fluide vital des animaux des
classes supérieures ; le sérum de l'un et de l'autre, plus
la fibrine qui s'en est séparée pendant la coagulation
ou le battage, en représentent, à leur tour, la partie
liquide ;

3° La production de la couenne dite inflammatoire,

peut coïncider avec la présence dans le sang d'une proportion normale de fibrine, pourvu qu'une cause quelconque y ait augmenté la quantité de l'eau, dans un certain rapport;

4° Les globules sanguins sont pourvus d'enveloppes imperméables à l'eau chargée de sulfate de soude, et sans doute, par analogie, à la partie liquide du sang vivant; de plus, incapables de se déchirer sous l'influence de ces deux liquides, ainsi qu'elles le font sous l'influence de l'eau pure.

5° Les globules sanguins débarrassés au moyen de l'eau chargée de sulfate de soude, du liquide séreux qui les tenait en suspension dans l'appareil circulatoire, sont formés :

D'hématosine, matière colorante organique particulière, que sa solubilité dans l'alcool à 45° et dans l'éther froids, suffisent à distinguer de l'albumine, aussi bien que de ses analogues, et dont le fer constitue l'un des éléments.

De matières extractives,
         — *grasses,* que rien ne distingue de
         — *salines,* celles du sérum ;
D'albumine,

De globuline, matière albuminoïde que sa solubilité, à chaud, dans l'alcool à 20°; la propriété de former avec l'eau froide une dissolution que le sous-acétate de plomb ne trouble pas, ne permettent pas de confondre avec l'albumine ordinaire, et qu'on ne retrouve ni dans le sérum ni dans le blanc d'œuf.

D'une matière fibrineuse à son tour distincte de la fibrine.

Sa disposition en petits sacs membraneux, ses reflets nacrés rappelant ceux des globules s'agitant au soleil au sein de l'eau salée; sa résistance prononcée à l'action dissolvante des alcalis, semblent indiquer qu'elle constitue l'enveloppe des corpuscules sanguins ;

D'eau, dont la présence, jusqu'à ce jour admise dans ces corpuscules, par simple induction, peut être constatée expérimentalement.

L'albumine, les matières extractives grasses et salines qu'on y rencontre, doivent, avec l'eau, constituer à l'intérieur des globules une sorte de sérum.

On pourrait donc se les représenter, comme de petites ampoules à parois membraneuses, remplies d'un liquide analogue à celui qui les baigne extérieurement, mais tenant en dissolution certains principes spéciaux, l'hématosine et la globuline.

Dès lors, se trouveraient confirmées les prévisions de MM. Dumas et Prevost, sur l'existence, dans le caillot du sang spontanément coagulé, de l'eau tout entière à l'état de sérum ; ou, ce qui revient au même à notre point de vue, de matières albumineuses, extractives, grasses et salines, capables d'y constituer à l'état de sérum, l'eau qui les y accompagne.

Dès lors encore, le procédé d'analyse du sang de ces éminents chimistes, joindrait à son incontestable facilité d'exécution, une précision qu'on lui avait contestée, tant que l'on avait pu croire que le liquide des globules différait essentiellement du sérum (1).

(1) Chevreul, *Dictionnaire des Sciences naturelles*, publié chez Levrault, tome LXVII, page 196, article SANG.

Les résultats obtenus, à l'aide de ce procédé, par MM. Dumas et Prevost, Denis, Andral et Gavarret, Becquerel et Rodier, Lassaigne, Delafond, F. Simon, Nasse, Christison, Schulz, Hering, etc., les miens, seraient ainsi à l'abri d'une cause d'erreur qu'eussent rendue profondément regrettable, les conséquences qu'en ont tirées les médecins et les physiologistes.

Ces résultats conserveront leur valeur, à la condition de considérer la différence entre le poids du caillot sec, et la somme des matières fixes abandonnées par le sérum qui l'imprégnait avant la dessiccation, comme ne représentant plus que le poids des principes propres aux globules (hématosine et globuline), au lieu de représenter celui des globules eux-mêmes (1).

Toujours, d'ailleurs, en continuant de retrancher du poids du caillot desséché, le poids de la fibrine, pour la restituer au liquide au sein duquel nageaient les globules dans l'appareil circulatoire.

Si ces nouvelles études ont résolu quelqu'une des difficiles et délicates questions que j'abordais, l'approbation de l'illustre compagnie me récompensera des efforts consciencieux qu'elles m'ont coûtés.

Paris, le 20 juin 1852.

LE CANU.

(1) Voir à l'égard de ce procédé d'analyse, le Mémoire de MM. Dumas et Prévost, *Annales de Chimie et de Physique*, tome XXIII, page 50, et le *Traité de Chimie* de M. Dumas, tome VIII, page 495.

RAPPORT

SUR UN

MÉMOIRE DE M. LE CANU

AYANT POUR TITRE

NOUVELLES ÉTUDES CHIMIQUES SUR LE SANG

Commissaires :

MM. DUMAS, ANDRAL, THÉNARD, rapporteur (1).

« L'auteur du Mémoire dont nous avons à rendre compte a déjà fait des observations remarquables sur le sang ; il est parvenu, dans des recherches qui datent de 1830, à en extraire la matière colorante, qu'il a étudiée avec soin et qu'on a depuis désignée sous le nom d'*hématosine*.

» Aujourd'hui il se propose de résoudre les trois questions suivantes :

» 1° Le sang, d'après l'analyse microscopique, n'étant évidemment formé que de globules rouges ou bruns rouges tenus en suspension dans un liquide jaunâtre et limpide, appelé *sérum*, est-ce dans les globules ou le sérum, ou tout à la fois dans ces deux liquides, que se trouve la fibrine ?

» 2° Comment parvenir à séparer complétement les globules sanguins du sérum au milieu duquel ils nagent

(1) Extrait des Comptes-Rendus hebdomadaires des séances de l'Académie des Sciences, par MM. les Secrétaires perpétuels, séance du 9 août 1852.

et roulent sans cesse pendant la circulation dans les animaux vivants ?

» 3° Quelle est la composition chimique des globules sanguins ?

» Ces trois questions sont importantes.

» L'auteur résout la première d'une manière fort simple. S'étant assuré que le sulfate de soude en dissolution concentrée s'oppose à la précipitation de la fibrine, et est sans action sur les globules du sang, il reçoit le sang à la sortie de la veine ou de l'artère dans de l'eau saturée de sulfate de soude à + 12 degrés, puis il filtre le liquide à travers le papier joseph. Tous les globules restent sur le filtre. Le sérum, au contraire, tenant en dissolution toute la fibrine, passe à travers ; et lorsqu'on vient à l'étendre de huit à neuf fois son volume d'eau, la fibrine s'en précipite tout entière en filaments gélatineux ; il n'en reste point ou il n'en reste tout au plus que des traces dans la liqueur filtrée. Or, comme on verra tout à l'heure que les globules ne contiennent point de fibrine, il s'ensuit que cette substance ne fait partie que du sérum.

» Mais comment se procurer tous les globules sanguins purs, ou plutôt comment les séparer complétement du sérum dans lequel ils sont tenus en suspension ?

» Les globules possèdent une propriété remarquable, c'est de ne pouvoir être attaqués par les dissolutions salines, et surtout par la solution saturée de sulfate de soude. Il suffira donc de les laver avec cette solution, à la température de + 12 degrés, pour enlever tout le sérum qui pourrait être adhérent à leur enveloppe. Déjà le sulfate de soude avait été employé pour opérer cette séparation ; mais on commençait par extraire la fibrine en battant le sang, puis, après avoir ajouté le sulfate de soude au sang battu, les globules en étaient séparés par le filtre.

» Enfin, quelle est la composition des globules sanguins ?

» Ils contiendraient, suivant l'auteur, jusqu'à huit substances diverses :

» 1° De l'hématosine ;

» 2° Beaucoup d'une substance qui a été signalée par Berzelius, par MM. Gmelin et Mulder, et qu'ils ont nommée *globuline ;*

» 3° Très-peu d'albumine ;

» 4° Une matière fibrineuse qui leur sert d'enveloppe ;

» 5° Une matière animale dite *extractive* et soluble dans l'alcool et l'éther ;

» 6° Une matière grasse ;

» 7° Divers sels, au nombre desquels sont des chlorures, des phosphates et des carbonates alcalins ;

» 8° De l'eau qui, sauf l'enveloppe, tient toutes ces matières en dissolution.

» La propriété qu'a l'eau de dissoudre les globules, moins leur enveloppe, permet d'isoler celle-ci. Lorsque ensuite la liqueur filtrée est soumise à l'ébullition, l'hématosine, la globuline, l'albumine se coagulent ; la matière dite extractive, les sels, la matière grasse restent, au contraire, en dissolution. De là les moyens de grouper les substances immédiates qui constituent les globules, et de les séparer ensuite en mettant à profit l'action qu'exercent sur elles les différents dissolvants. C'est ce qu'a essayé de faire avec soin M. Le Canu.

» Parmi les diverses substances immédiates qui, par leur réunion, composent les globules sanguins, il en est qui méritent de fixer un instant l'attention de l'Académie.

» Au premier rang est l'hématosine. Dans l'état où elle avait été obtenue par l'auteur en 1830 et 1837, elle contenait encore de l'albumine. M. Le Canu parvient à l'en séparer. Ainsi purifiée, l'hématosine, substance si remarquable, est soluble dans l'alcool concentré; elle se dissout même très-facilement dans l'éther à la température ordinaire, en lui donnant une belle couleur rouge de sang, et s'en dépose par l'évaporation spontanée sous forme de petites lamelles d'éclat métallique et de couleur améthyste, tout à fait semblables à l'argent rouge.

» Vient ensuite la globuline. Signalée, comme nous l'avons dit précédemment, par Berzelius, M. Gmelin et M. Mulder, M. Le Canu l'a mieux caractérisée et a démontré qu'elle constituait une grande partie des globules et ne faisait point partie du sérum; elle se distingue, d'ailleurs, de l'albumine, avec laquelle elle a de grands rapports, par la propriété qu'elle a de se dissoudre à chaud dans l'alcool à 20 degrés, et de ne pas être précipitée par le sous-acétate de plomb.

» La matière fibrineuse doit être aussi l'objet de quelques remarques; c'est elle qui forme l'enveloppe des globules sanguins et qui permet de concevoir comment il peut se faire que les globules soient si solubles dans l'eau et la teignent à l'instant en un beau rouge, tandis qu'ils ne colorent ni le sérum, au milieu duquel ils nagent, ni l'eau saturée des sels et surtout du sulfate de soude. La cause en est évidente : c'est que la matière fibrineuse constitue une sorte de membrane, imperméable soit au liquide albumineux, soit aux dissolutions salines ; et si, quand on fouette le sang à la manière des bouchers, il reste coloré, c'est sans doute parce qu'on brise l'enveloppe des globules, et qu'alors rien ne s'oppose plus à leur mélange avec le sérum.

» Aussi, lorsqu'après avoir violemment agité le sang, on abandonne le liquide au repos, la matière fibrineuse se dépose-t-elle en lamelles incolores, translucides, à reflets nacrés, flexibles et malléables au plus haut degré.

» La substance dont elle se rapproche le plus, et avec laquelle on serait tenté de la confondre, est la fibrine. Cependant elle en diffère, surtout par sa résistance à l'action dissolvante de la potasse caustique. L'eau, chargée d'un dixième de son poids d'alcali, dissout même à froid la fibrine hydratée, et ne dissout même pas l'enveloppe des globules à la température de l'ébullition.

» Enfin, disons un mot de l'albumine des globules. N'est-il pas extraordinaire que les globules sanguins en contiennent si peu, lorsque le sérum dans lequel ils nagent en est presque entièrement formé, et ne serait-on pas autorisé à soupçonner jusqu'à un certain point qu'elle pourrait peut-être ne provenir que de ce que les globules en auraient absorbé une quantité sensible?

» Quoi qu'il en soit, il ressort évidemment de ces observations que les matières animales qui composent le sérum sont essentiellement différentes de celles qui composent les globules sanguins.

» Le sérum ne contient que de l'albumine et de la fibrine; point de globuline, point d'hématosine. Les globules sanguins ne contiennent au contraire que de l'hématosine, de la globuline, de la matière fibrineuse, point de fibrine, peu d'albumine.

» Tels sont les principaux faits qu'a observés M. Le Canu. Il a le projet de continuer ses recherches : nous ne saurions trop l'y encourager.

» En effet, que de questions encore à éclaircir ou à résoudre ! Qu'il nous soit permis d'en indiquer quelques-unes.

» 1° Refaire et répéter plusieurs fois l'analyse des divers sangs veineux et celle du sang artériel, en tenant compte, autant que possible, des influences qui pourraient en modifier la composition ;

» 2° Constater avec grand soin la différence qui existe entre la nature de l'un et celle de l'autre;

» 3° Déterminer la proportion des principes constituants de l'hématosine, de la globuline et de l'enveloppe des globules sanguins ;

» 4° En quoi l'hématosine du sang artériel diffère-t-elle de l'hématosine du sang veineux ?

» 5° Quelle est l'action qu'exercent l'oxygène et les principaux gaz sur le sang veineux et le sang artériel?

» 6° Le sang veineux est-il transformé en vrai sang artériel dans son contact avec l'oxygène, hors de la circulation? Le sang artériel est-il ramené à l'état d sang veineux par l'action du gaz azote, du gaz carbonique, du gaz hydrogène, dans les mêmes circonstances?

» 7° Quelle est la densité du sérum et celle des globules sanguins dans la même espèce de sang ?

» 8° Pourquoi le sang abandonné au repos se prend-il en masse, même lorsqu'on le maintient au degré de la chaleur animale, et qu'on le met en mouvement? Comment se fait-il que les sels du sérum, qui tiennent la fibrine en dissolution dans les artères et les veines, de concert avec l'albumine peut-être, cessent de la dissoudre quand le sang en est extrait? L'air entre-t-il pour quelque chose dans ce phénomène extraordinaire?

» 9° En quoi les matériaux du sang diffèrent-ils réellement des matériaux du chyle et de ceux de la lymphe?

» 10° Comment s'opère la transformation du chyle et de la lymphe en sang?

» 11° N'y aurait-il pas quelque analogie entre l'enveloppe des globules et la substance qui constitue les veines et les artères?

» 12° Nous ne saurions trop recommander aux physiciens de rechercher dans des phénomènes d'optique, entre autres dans celui des anneaux colorés, la mesure des dimensions des globules du sang; ils trouveront à ce sujet des remarques intéressantes dans l'ouvrage du célèbre docteur Thomas Young, intitulé : *Medical Litterature*. (Question proposée par M. ARAGO.)

» Toutes ces questions, et tant d'autres encore qu'on pourrait y ajouter, sont d'une haute importance. Déjà même elles ont fait, pour la plupart, l'objet des recherches d'hommes très-distingués. Mais le sang joue un si grand rôle dans l'économie animale, qu'on ne saurait trop s'en occuper. C'est un sujet d'étude auquel la vie tout entière d'un physiologiste habile, d'un savant chimiste, pourrait être consacrée avec fruit. Une remarque nouvelle, quand elle s'applique à la nature ou aux fonctions du sang, n'est jamais sans une réelle valeur.

» Aussi lira-t-on avec un grand intérêt les observations que M. Le Canu a faites sur l'existence et la dissolution de la fibrine dans le sérum ; sur le moyen simple et ingénieux qu'il emploie pour démontrer ce fait important ; sur l'hématosine qu'il parvient à obtenir pure, et qui est si riche en couleur, qu'elle entre à peine pour 0,32 dans la composition de 100 parties de sang ; sur la globuline, dont on ne trouve aucune trace dans le sérum, quoique très-abondante dans les globules sanguins ; sur la production de la couenne (dite *inflammatoire*) ; enfin, sur la matière fibrineuse qui sert d'enveloppe aux globules, et qui, perméable à l'eau, ne l'est plus au sérum ou à l'eau chargée de sels de nature différente.

» C'est pourquoi nous n'hésitons pas à proposer à l'Académie de décider que le Mémoire de M. Le Canu sera imprimé dans le *Recueil des Savants étrangers.*

Les conclusions de ce Rapport sont adoptées.

Paris. — Typographie de Mme Ve Dondey-Dupré, rue Saint-Louis, 46, au Marais.

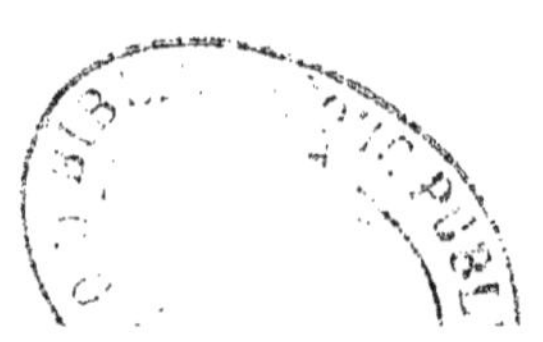

www.ingramcontent.com/pod-product-compliance
Lightning Source LLC
LaVergne TN
LVHW012104030726

842523LV00002B/708